从这里开始

生活与工作

你会认为自己要对这个世界负责吗？你感觉肌肉紧张吗？你想逃离工作吗？

> 请翻到第 7 页

社交

你正被某个事件困扰吗？你是否在人多的时候会感到紧张？你是否很难主动发起一场对话？你是否需要进行一场演讲？

> 请翻到第 67 页

亲密关系

你是否对你的伴侣不满？你是否感觉沟通不畅？你是否对亲密行为感到羞耻？你是否担忧你的伴侣会离你而去？

> 请翻到第 87 页

育儿

你是否担心自己乏善可陈？你是否感觉疲惫不堪？你的育儿方式是否受到了质疑？你是否想成为所有人的指望？

> 请翻到第 107 页

> 参考资料请参阅第 126 页

不知道从哪里开始？

> 你可以从这里开始并翻页

生活与工作

每个人在某些时候都会遭遇忧愁和焦虑的影响。
如果你目前正经历恐惧、担忧或焦虑，
请翻页，然后开始自疗之旅。

你是否感到肌肉紧张？

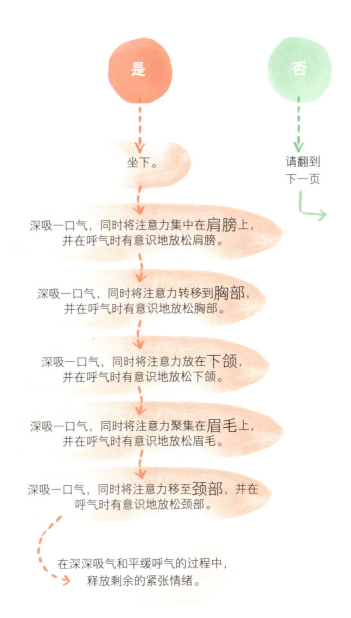

是

否

坐下。

请翻到
下一页

深吸一口气，同时将注意力集中在肩膀上，
并在呼气时有意识地放松肩膀。

深吸一口气，同时将注意力转移到胸部，
并在呼气时有意识地放松胸部。

深吸一口气，同时将注意力放在下颌，
并在呼气时有意识地放松下颌。

深吸一口气，同时将注意力聚集在眉毛上，
并在呼气时有意识地放松眉毛。

深吸一口气，同时将注意力移至颈部，并在
呼气时有意识地放松颈部。

在深深吸气和平缓呼气的过程中，
释放剩余的紧张情绪。

你是否很容易受到惊吓？

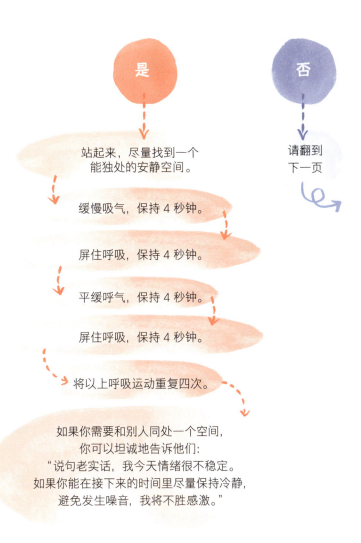

是

否

站起来，尽量找到一个
能独处的安静空间。

请翻到
下一页

缓慢吸气，保持 4 秒钟。

屏住呼吸，保持 4 秒钟。

平缓呼气，保持 4 秒钟。

屏住呼吸，保持 4 秒钟。

将以上呼吸运动重复四次。

如果你需要和别人同处一个空间，
你可以坦诚地告诉他们：
"说句老实话，我今天情绪很不稳定。
如果你能在接下来的时间里尽量保持冷静，
避免发生噪音，我将不胜感激。"

 如果你感觉过度紧张和急躁，那么你很有可能正处于过度警觉的状态。这
种情况会提升人的敏感性。例如，当四周比较嘈杂或者人头攒动时，你会
感觉异常的忐忑和烦躁。箱式呼吸法，也就是本节所描述的呼吸方法，有
助于缓解这些症状和紧张情绪。

你是否感觉心跳过快？

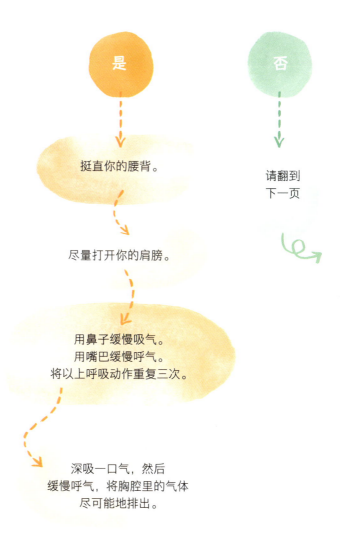

是

否

挺直你的腰背。

请翻到
下一页

尽量打开你的肩膀。

用鼻子缓慢吸气。
用嘴巴缓慢呼气。
将以上呼吸动作重复三次。

深吸一口气，然后
缓慢呼气，将胸腔里的气体
尽可能地排出。

你是否担心某些事脱离了
你的控制？

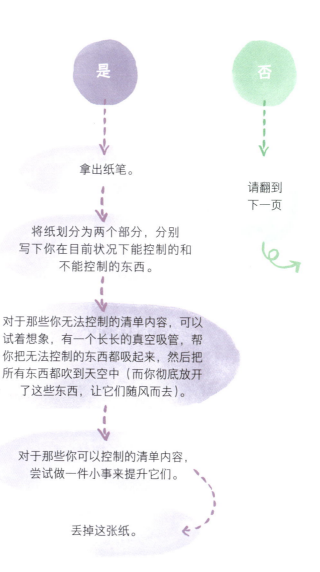

是

否

拿出纸笔。

请翻到
下一页

将纸划分为两个部分，分别
写下你在目前状况下能控制的和
不能控制的东西。

对于那些你无法控制的清单内容，可以
试着想象，有一个长长的真空吸管，帮
你把无法控制的东西都吸起来，然后把
所有东西都吹到天空中（而你彻底放开
了这些东西，让它们随风而去）。

对于那些你可以控制的清单内容，
尝试做一件小事来提升它们。

丢掉这张纸。

你在为某种情况而烦恼吗？

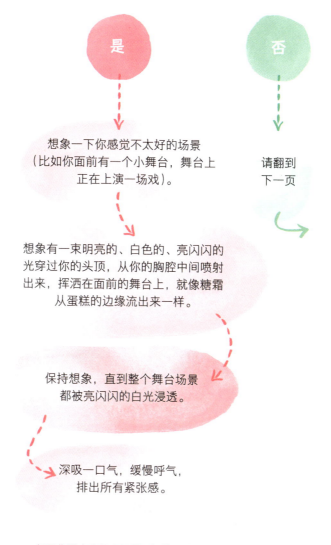

是

否

想象一下你感觉不太好的场景
（比如你面前有一个小舞台，舞台上
正在上演一场戏）。

请翻到
下一页

想象有一束明亮的、白色的、亮闪闪的
光穿过你的头顶，从你的胸腔中间喷射
出来，挥洒在面前的舞台上，就像糖霜
从蛋糕的边缘流出来一样。

保持想象，直到整个舞台场景
都被亮闪闪的白光浸透。

深吸一口气，缓慢呼气，
排出所有紧张感。

如果你正在为社交问题而烦恼，请翻到第 67 页继续。

你是否感觉对某件事准备不足？

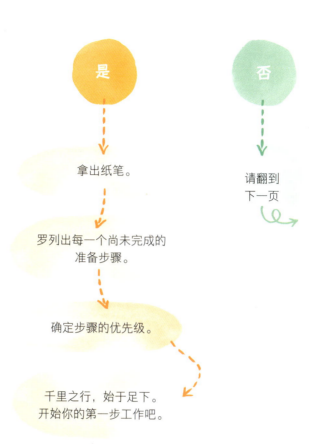

是

否

拿出纸笔。

请翻到
下一页

罗列出每一个尚未完成的
准备步骤。

确定步骤的优先级。

千里之行，始于足下。
开始你的第一步工作吧。

你总是执着于追求某个
具体结果？

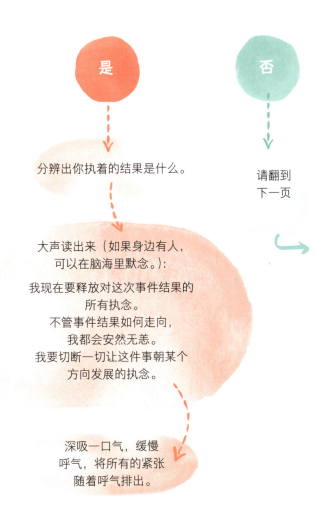

是

否

分辨出你执着的结果是什么。

请翻到
下一页

大声读出来（如果身边有人，
可以在脑海里默念。）：

我现在要释放对这次事件结果的
所有执念。
不管事件结果如何走向，
我都会安然无恙。
我要切断一切让这件事朝某个
方向发展的执念。

深吸一口气，缓慢
呼气，将所有的紧张
随着呼气排出。

当我们执着于让事情以某种方式展开时，我们的情绪也会变得不稳定。我们越能坦然接纳对未知事件的失控感（比如递交的求职申请），我们就越能淡定从容。

你是否总会力求完美?

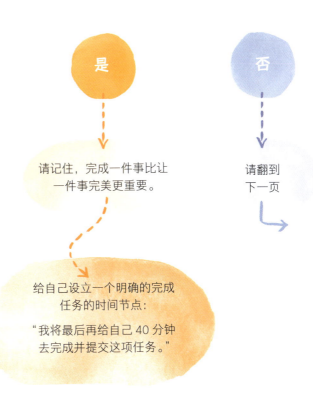

是

否

请记住，完成一件事比让
一件事完美更重要。

请翻到
下一页

给自己设立一个明确的完成
任务的时间节点：

"我将最后再给自己 40 分钟
去完成并提交这项任务。"

你是否感觉浑身僵硬？

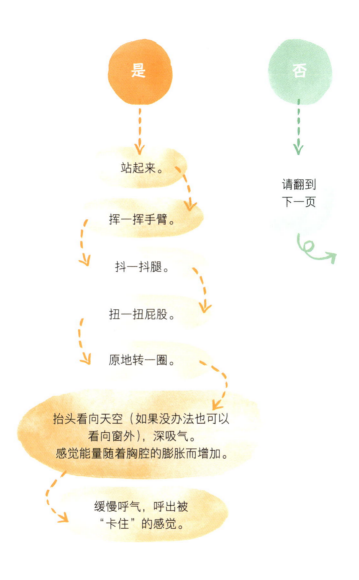

是

否

站起来。

挥一挥手臂。

抖一抖腿。

扭一扭屁股。

原地转一圈。

抬头看向天空（如果没办法也可以
看向窗外），深吸气。
感觉能量随着胸腔的膨胀而增加。

缓慢呼气，呼出被
"卡住"的感觉。

请翻到
下一页

感觉"卡住"、紧张和身体僵硬是焦虑的常见症状

你是否感觉口干舌燥？

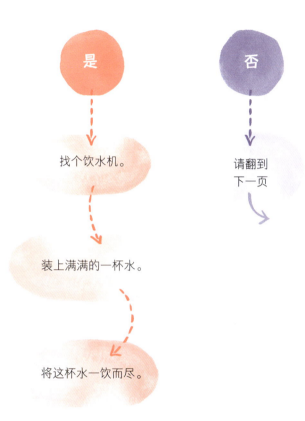

是

否

找个饮水机。

请翻到
下一页

装上满满的一杯水。

将这杯水一饮而尽。

当我们感到焦虑时，会不自觉地用嘴呼吸，这样会减少唾液的分泌。通过站起来、装满一杯水的动作，可以转移我们的注意力，缓解我们的焦虑情绪，同时，通过喝水能让我们的口腔湿润。

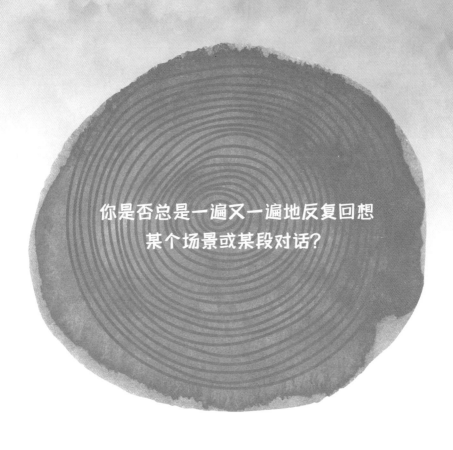

你是否总是一遍又一遍地反复回想
某个场景或某段对话？

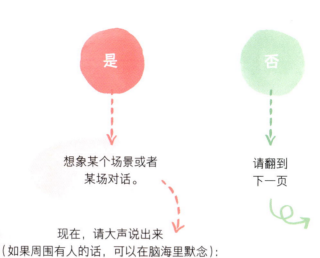

是

否

想象某个场景或者
某场对话。

请翻到
下一页

现在，请大声说出来
（如果周围有人的话，可以在脑海里默念）：

"我现在原谅自己在这个场景下的行为、言语和表现。
我在内心深处明白，在我所拥有的资源和知识的
支持下，我已经竭尽所能。

"而我也从中吸取了教训，所以现在我应该放下所有，
向前看。我能坦然接受这件事的所有后果。"

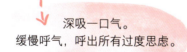

深吸一口气。
缓慢呼气，呼出所有过度思虑。

出现这些行为表明你在思维反刍。当你的大脑反复回放你所经历过的场景
时，你的情绪会变得更糟糕，焦虑也会变得愈发严重。

你是否因为休息不足
而感觉烦躁不安？

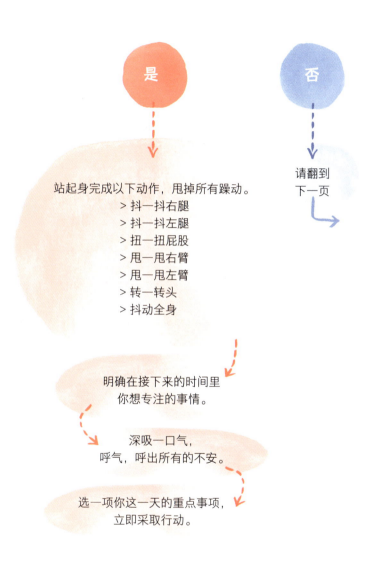

是

否

站起身完成以下动作，甩掉所有躁动。
> 抖一抖右腿
> 抖一抖左腿
> 扭一扭屁股
> 甩一甩右臂
> 甩一甩左臂
> 转一转头
> 抖动全身

请翻到
下一页

明确在接下来的时间里
你想专注的事情。

深吸一口气，
呼气，呼出所有的不安。

选一项你这一天的重点事项，
立即采取行动。

当我们的精力过剩时，很容易感到过度刺激、易怒、焦躁和不安。如果我们不能及时地释放这些能量，就会用一些无益的"补救措施"来分散自己的注意力，比如食物、酒精和电视。规律运动是释放这种能量最快最有效的方法之一。

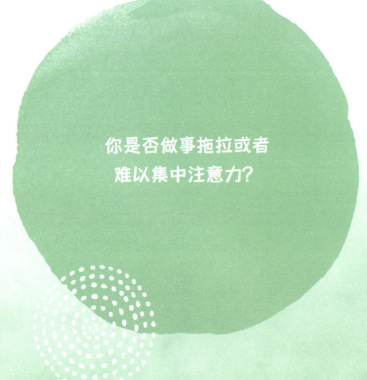

你是否做事拖拉或者
难以集中注意力?

依据你当前的状态,
完成以下句子:

我能听到……

我能闻到……

我能感觉到……

我能看到……

我能品尝到……

请翻到
下一页

仍然无法集中注意力?

将你想要逃避的
所有任务罗列出来。
选定你认为最无趣的
任务,然后马上开始。

将你的全部注意力
集中在这项任务上。

当你状态糟糕时，
是否仍在强颜欢笑？

是

否

给朋友打电话或者
发短信，告诉他：

请翻到
下一页

"嘿，和你联络是想让你知道，
虽然我看起来一切都挺好的，
但我一直都在暗自挣扎。
我们能聊聊吗？
这样我会好受点。"

 强颜欢笑就是所谓的掩饰。掩饰是指我们会隐藏自己的真实感受，不愿意
向他人表露自己的脆弱和不堪重负。

你现在是否感到不够坚强、
非常脆弱或敏感？

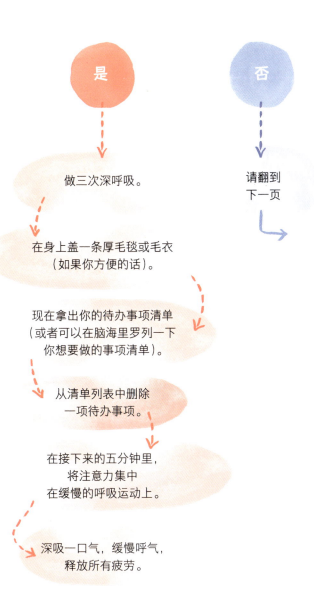

是

否

做三次深呼吸。

请翻到
下一页

在身上盖一条厚毛毯或毛衣
（如果你方便的话）。

现在拿出你的待办事项清单
（或者可以在脑海里罗列一下
你想要做的事项清单）。

从清单列表中删除
一项待办事项。

在接下来的五分钟里，
将注意力集中
在缓慢的呼吸运动上。

深吸一口气，缓慢呼气，
释放所有疲劳。

你是否感觉筋疲力尽？

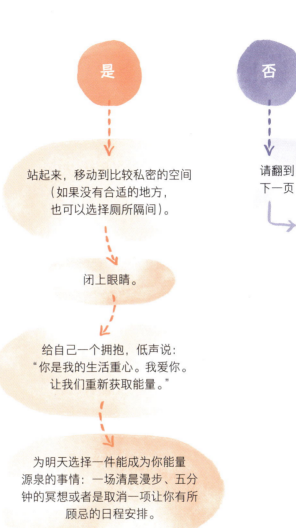

是

否

站起来，移动到比较私密的空间
（如果没有合适的地方，
也可以选择厕所隔间）。

请翻到
下一页

闭上眼睛。

给自己一个拥抱，低声说：
"你是我的生活重心。我爱你。
让我们重新获取能量。"

为明天选择一件能成为你能量
源泉的事情：一场清晨漫步、五分
钟的冥想或者是取消一项让你有所
顾忌的日程安排。

你是否感觉缺乏耐心？

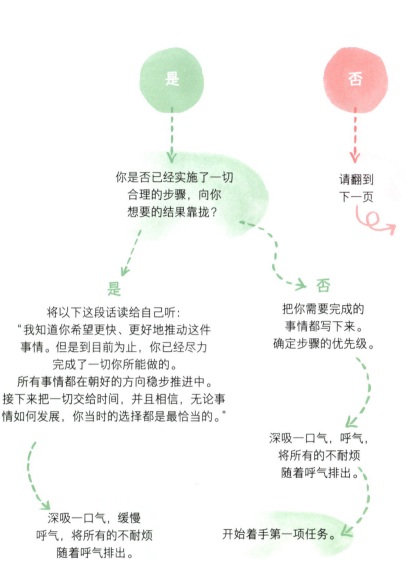

是

否

你是否已经实施了一切合理的步骤，向你想要的结果靠拢？

请翻到下一页

是

否

将以下这段话读给自己听：
"我知道你希望更快、更好地推动这件事情。但是到目前为止，你已经尽力完成了一切你所能做的。
所有事情都在朝好的方向稳步推进中。
接下来把一切交给时间，并且相信，无论事情如何发展，你当时的选择都是最恰当的。"

把你需要完成的事情都写下来。确定步骤的优先级。

深吸一口气，呼气，将所有的不耐烦随着呼气排出。

深吸一口气，缓慢呼气，将所有的不耐烦随着呼气排出。

开始着手第一项任务。

是不是有人没能达到你的期待？

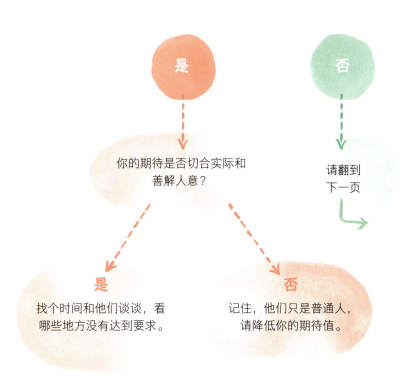

是

否

你的期待是否切合实际和
善解人意？

请翻到
下一页

是

找个时间和他们谈谈，看
哪些地方没有达到要求。

否

记住，他们只是普通人，
请降低你的期待值。

如果这个人是你的伴侣，而你需要更进一步的
指导，请翻到第 87 页继续。

你是否没有达到自己的期望？

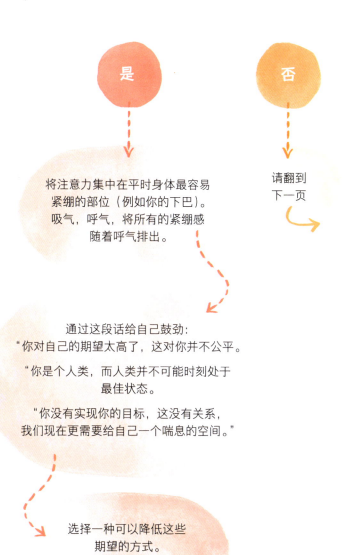

是

否

将注意力集中在平时身体最容易
紧绷的部位（例如你的下巴）。
吸气，呼气，将所有的紧绷感
随着呼气排出。

请翻到
下一页

通过这段话给自己鼓劲：
"你对自己的期望太高了，这对你并不公平。

"你是个人类，而人类并不可能时刻处于
最佳状态。

"你没有实现你的目标，这没有关系，
我们现在更需要给自己一个喘息的空间。"

选择一种可以降低这些
期望的方式。
例如，调整完成任务的时间。

你是否在做某件事，
只是为了获得他人的认可？

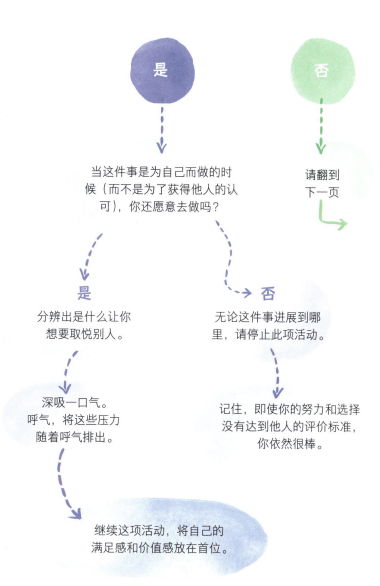

是

否

当这件事是为自己而做的时候（而不是为了获得他人的认可），你还愿意去做吗？

请翻到下一页

是

分辨出是什么让你想要取悦别人。

否

无论这件事进展到哪里，请停止此项活动。

深吸一口气。呼气，将这些压力随着呼气排出。

记住，即使你的努力和选择没有达到他人的评价标准，你依然很棒。

继续这项活动，将自己的满足感和价值感放在首位。

你是否觉得自己名不副实？

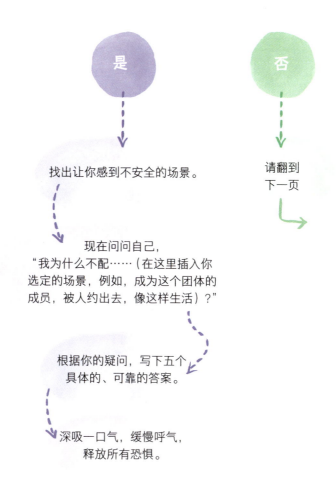

是

否

找出让你感到不安全的场景。

请翻到
下一页

现在问问自己，
"我为什么不配……（在这里插入你
选定的场景，例如，成为这个团体的
成员，被人约出去，像这样生活）？"

根据你的疑问，写下五个
具体的、可靠的答案。

深吸一口气，缓慢呼气，
释放所有恐惧。

"冒名顶替综合征"是一种非临床诊断，它指人们会怀疑自己的成就，并对自
己可能被揭露为"徒有其表"有一种持久的内在恐惧。这种想法会引发紧张
和焦虑。

你是否总在拿自己和别人比较？

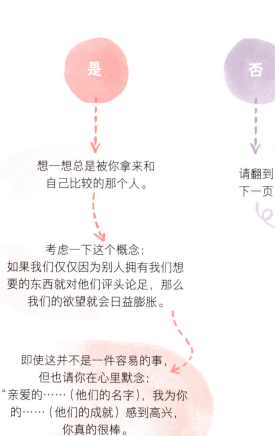

是

否

想一想总是被你拿来和
自己比较的那个人。

请翻到
下一页

考虑一下这个概念：
如果我们仅仅因为别人拥有我们想
要的东西就对他们评头论足，那么
我们的欲望就会日益膨胀。

即使这并不是一件容易的事，
但也请你在心里默念：
"亲爱的……（他们的名字），我为你
的……（他们的成就）感到高兴，
你真的很棒。
恭喜。"

附赠小提示：如果你认识这个人，可以打个
电话或者写信告诉他们，你为他们感到高兴。
当然，是在你觉得值得这么做的情况下。

你是否感觉身体被掏空？

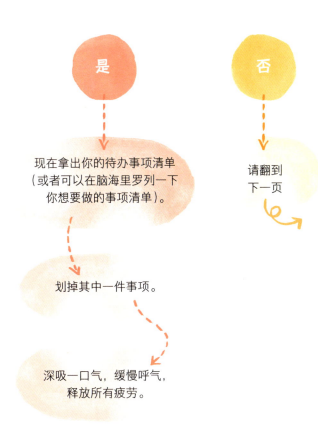

是

否

现在拿出你的待办事项清单
（或者可以在脑海里罗列一下
你想要做的事项清单）。

请翻到
下一页

划掉其中一件事项。

深吸一口气，缓慢呼气，
释放所有疲劳。

你是否感觉心神不定，
身心发 "飘"？

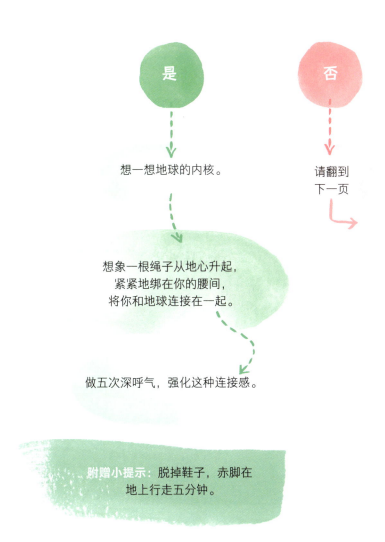

是

否

想一想地球的内核。

请翻到
下一页

想象一根绳子从地心升起，
紧紧地绑在你的腰间，
将你和地球连接在一起。

做五次深呼气，强化这种连接感。

附赠小提示：脱掉鞋子，赤脚在
地上行走五分钟。

当我们"不接地气"时，容易产生恍惚的感觉。"接地气"或"脚踏实地"是
我们幸福的重要来源。

你在做决定的时候是否
总是犹豫不决?

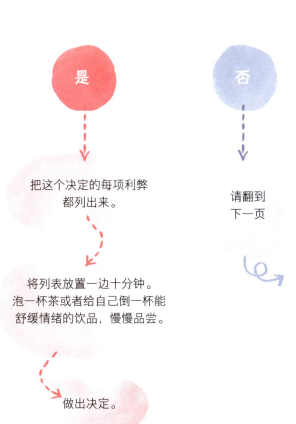

是

否

把这个决定的每项利弊
都列出来。

请翻到
下一页

将列表放置一边十分钟。
泡一杯茶或者给自己倒一杯能
舒缓情绪的饮品，慢慢品尝。

做出决定。

你是否经常被他人的
负面情绪影响？

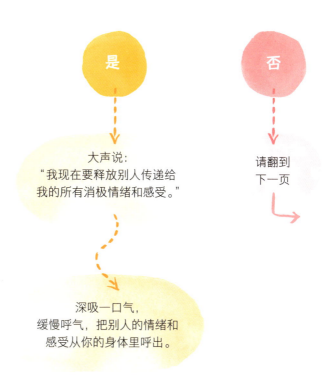

是

否

大声说:
"我现在要释放别人传递给
我的所有消极情绪和感受。"

请翻到
下一页

深吸一口气,
缓慢呼气,把别人的情绪和
感受从你的身体里呼出。

如果这些情绪是来自你的另一半,请翻到第 87 页;如果这些情绪
是来自你的孩子,请翻到第 107 页,以获得更多的支持。

 同理心比较强的人,经常会无意识地去感同身受他人的情绪。这种情绪敏感
性会加重身体负担,从而影响日常的生活和工作。

是否认为自己要对这个世界负责？

是

否

将以下这段话读给自己听，
就犹如一位智慧的老者在对你说：
"你的任务不是拯救地球。

"今天，你的任务是好好生活，
好好照顾自己。

"如果明天，你仍然想有所作为，
你可以一步一个脚印地完成你的计划。"

请翻到
下一页

深吸一口气，缓慢呼气，
将过重的负担随着呼气排出。

这种负担就犹如你有责任去"修理"周围的一切似的。但是，这并不是你的
工作，执意这么做反而会一事无成和毁掉自己的生活。你可以尝试将"修复"
或"拯救"他人的倾向替换为"支持"他人，而不是试图为他人解决问题。

你是否想快速进入休息状态？

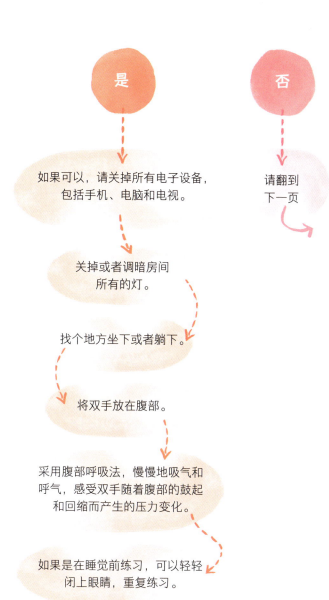

是

否

如果可以，请关掉所有电子设备，包括手机、电脑和电视。

请翻到
下一页

关掉或者调暗房间
所有的灯。

找个地方坐下或者躺下。

将双手放在腹部。

采用腹部呼吸法，慢慢地吸气和
呼气，感受双手随着腹部的鼓起
和回缩而产生的压力变化。

如果是在睡觉前练习，可以轻轻
闭上眼睛，重复练习。

你是否仍感觉状态不稳定？

如果你的焦虑与社交有关

> 翻到第 67 页。

如果你的焦虑与亲密关系有关

> 翻到第 87 页。

如果你的焦虑与育儿有关

> 翻到第 107 页。

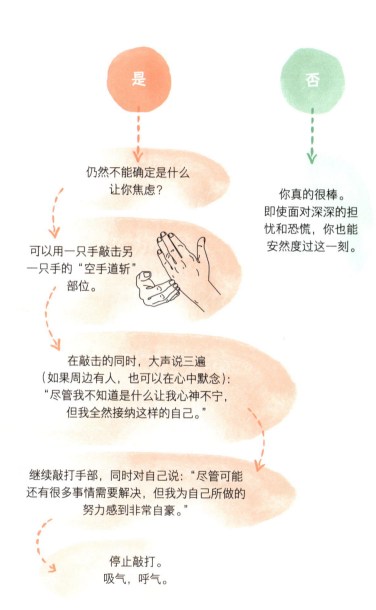

是

否

仍然不能确定是什么
让你焦虑？

你真的很棒。
即使面对深深的担
忧和恐慌，你也能
安然度过这一刻。

可以用一只手敲击另
一只手的"空手道斩"
部位。

在敲击的同时，大声说三遍
（如果周边有人，也可以在心中默念）：
"尽管我不知道是什么让我心神不宁，
但我全然接纳这样的自己。"

继续敲打手部，同时对自己说："尽管可能
还有很多事情需要解决，但我为自己所做的
努力感到非常自豪。"

停止敲打。
吸气，呼气。

如果你的焦虑与
以下方面有关：

> 生活与工作 翻到第 7 页

> 亲密关系 翻到第 87 页

> 育儿 翻到第 107 页

　　或者继续往下阅读……

社交

人际交往可能让人望而生畏。
有时候它能让我们充满能量，有时候它会让我们筋疲力尽。
如果你目前因为人际交往而烦恼，或正在经历社交恐惧，请翻页继续。

你是否因为马上要在社交场上
与其他人打交道而感到焦虑？

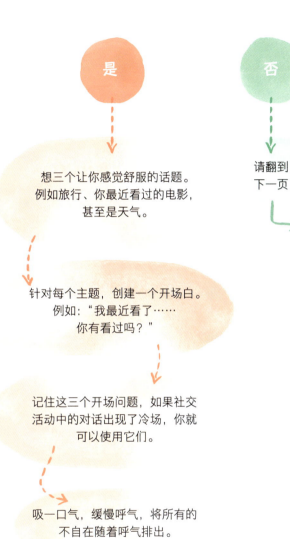

是

否

请翻到
下一页

想三个让你感觉舒服的话题。
例如旅行、你最近看过的电影，
甚至是天气。

针对每个主题，创建一个开场白。
例如："我最近看了……
你有看过吗？"

记住这三个开场问题，如果社交
活动中的对话出现了冷场，你就
可以使用它们。

吸一口气，缓慢呼气，将所有的
不自在随着呼气排出。

你是否为即将到来的
"表演"场合（例如一场演讲）
感到焦虑？

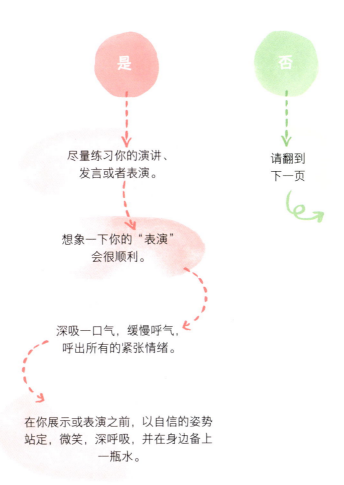

是

否

尽量练习你的演讲、
发言或者表演。

请翻到
下一页

想象一下你的"表演"
会很顺利。

深吸一口气，缓慢呼气，
呼出所有的紧张情绪。

在你展示或表演之前，以自信的姿势
站定，微笑，深呼吸，并在身边备上
一瓶水。

你是否会害怕即将
参加的活动？

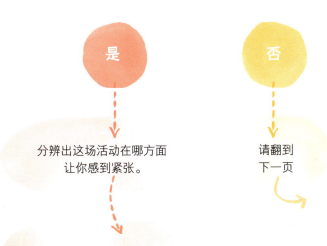

是

否

分辨出这场活动在哪方面
让你感到紧张。

请翻到
下一页

选择一件能让你在这些方面
更自信的小事，在你参与活动
之前，完成这件小事。

例如，可以选择穿一套让你感觉
很棒的衣服，或者以自信的姿态
走进活动现场。

你是否因为要独自一人应对
某些任务而烦躁不安?

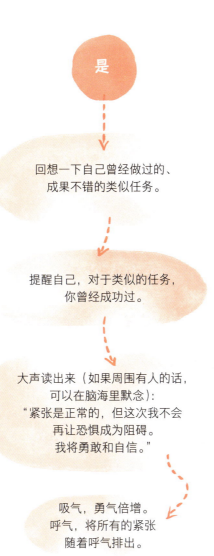

是

否

回想一下自己曾经做过的、
成果不错的类似任务。

请翻到
下一页

提醒自己，对于类似的任务，
你曾经成功过。

大声读出来（如果周围有人的话，
可以在脑海里默念）：
"紧张是正常的，但这次我不会
再让恐惧成为阻碍。
我将勇敢和自信。"

吸气，勇气倍增。
呼气，将所有的紧张
随着呼气排出。

你是否害怕进入
人潮涌动的空间？

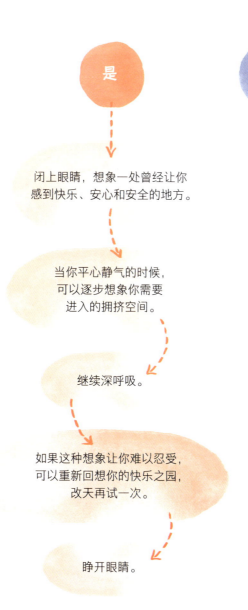

是

否

闭上眼睛，想象一处曾经让你
感到快乐、安心和安全的地方。

当你平心静气的时候，
可以逐步想象你需要
进入的拥挤空间。

继续深呼吸。

如果这种想象让你难以忍受，
可以重新回想你的快乐之园，
改天再试一次。

睁开眼睛。

请翻到
下一页

你是否不太擅长"接话",
经常越聊越尬?

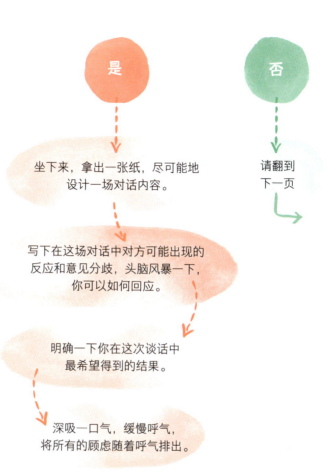

是

否

坐下来，拿出一张纸，尽可能地
设计一场对话内容。

请翻到
下一页

写下在这场对话中对方可能出现的
反应和意见分歧，头脑风暴一下，
你可以如何回应。

明确一下你在这次谈话中
最希望得到的结果。

深吸一口气，缓慢呼气，
将所有的顾虑随着呼气排出。

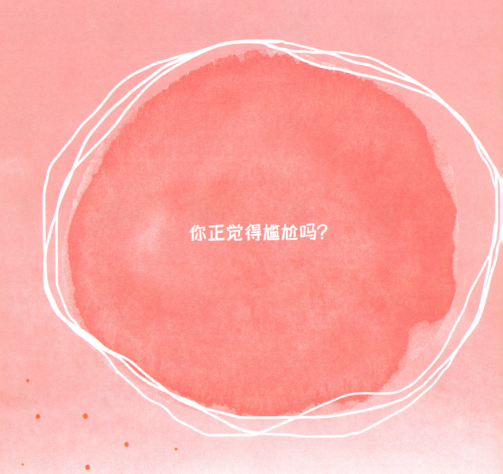

你正觉得尴尬吗？

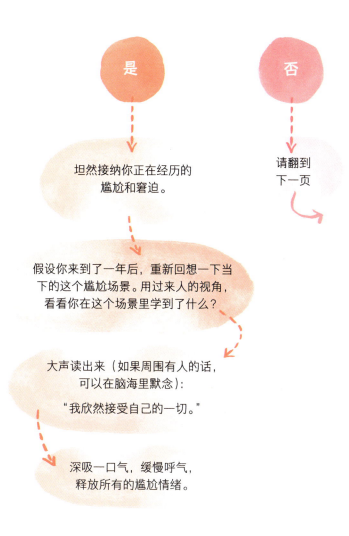

是

否

坦然接纳你正在经历的
尴尬和窘迫。

请翻到
下一页

假设你来到了一年后，重新回想一下当
下的这个尴尬场景。用过来人的视角，
看看你在这个场景里学到了什么？

大声读出来（如果周围有人的话，
可以在脑海里默念）：

"我欣然接受自己的一切。"

深吸一口气，缓慢呼气，
释放所有的尴尬情绪。

人之所以会尴尬，是因为我们大脑认为自己被他人以一种我们不喜欢的方式
看待，而我们内心不能容忍这种想法。尴尬的情绪会伴随脸红、出汗、结巴
和坐立不安。深呼吸有助于缓解这些身体症状。

你是否不愿意结交新朋友？

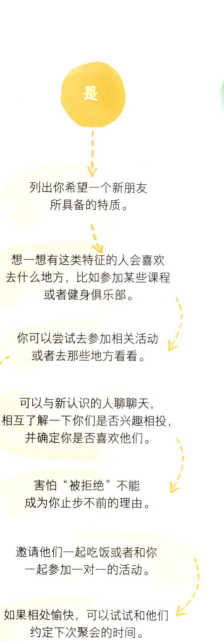

是

否

列出你希望一个新朋友
所具备的特质。

请翻到
下一页

想一想有这类特征的人会喜欢
去什么地方，比如参加某些课程
或者健身俱乐部。

你可以尝试去参加相关活动
或者去那些地方看看。

可以与新认识的人聊聊天，
相互了解一下你们是否兴趣相投，
并确定你是否喜欢他们。

害怕"被拒绝"不能
成为你止步不前的理由。

邀请他们一起吃饭或者和你
一起参加一对一的活动。

如果相处愉快，可以试试和他们
约定下次聚会的时间。

当你需要他人帮助的时候，
是否总是难以启齿？

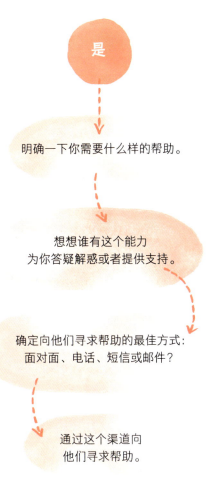

是

否

明确一下你需要什么样的帮助。

你真的很棒。
即使面对深深的担忧和恐慌，你也能安然度过这一刻。

想想谁有这个能力
为你答疑解惑或者提供支持。

确定向他们寻求帮助的最佳方式：
面对面、电话、短信或邮件？

通过这个渠道向
他们寻求帮助。

如果寻求帮助后，仍有一些不安或担忧，
请翻到第 7 页，以帮助消除剩余的焦虑。

 请记住，寻求帮助不是软弱。勇于寻求帮助也是一种坚强的表现。

如果你的焦虑与以下
方面有关:

> 生活与工作 翻到第 7 页

> 社交 翻到第 67 页

> 育儿 翻到第 107 页

　或者继续往下阅读……

亲密关系

和一个人建立亲密关系并不容易。虽然亲密关系能给人带来
无尽的快乐、亲密的联结和心灵的契合，但有时候也会
让人摇摆不定、怅然若失。
如果你现在正因为感情问题而坐卧不安，请翻页继续阅读。

你是否因为你的伴侣而苦恼？

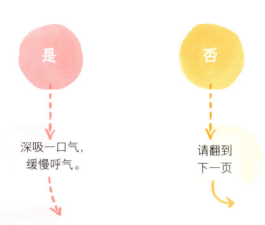

是

深吸一口气，
缓慢呼气。

否

请翻到
下一页

写下最让你心烦的事情。
写下你认为他 / 她会这样做的原因。
写下你的感受。
写下你希望看到的结果或改变。

把清单放在一边五分钟，
将你的注意力转移到
别的事情上。

和你的伴侣谈论你的清单。

你是否把自己的消极情绪
发泄在你的伴侣身上？

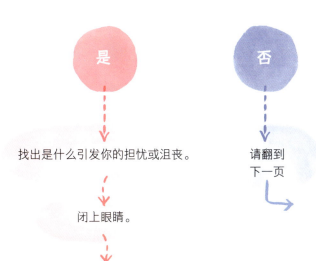

是

否

找出是什么引发你的担忧或沮丧。

请翻到
下一页

闭上眼睛。

呼气，尝试把令你沮丧的场景随着
呼气排出体外，并展现在你的面前。

面对眼前的场景，想象一下你在
这个场景中所产生的任何情绪、
情感在慢慢地消散。

深吸一口气
呼气，将所有沮丧随着
呼气排出。

向你的伴侣道歉，告诉他／她
你不应该把自己的沮丧或挫败
情绪发泄在他／她的身上。

如果这些沮丧或挫败
情绪仍无法消除，
你需要更多的支持，
翻到第 7 页。

你和你的伴侣之间
是否正无法沟通下去?

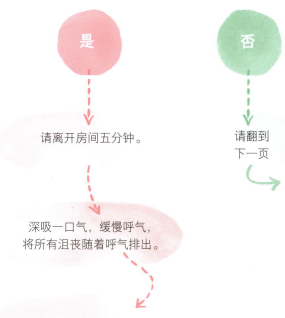

是

否

请离开房间五分钟。

请翻到
下一页

深吸一口气，缓慢呼气，
将所有沮丧随着呼气排出。

回到房间，争取与伴侣达成共识，
提议大家在接下来的交流中，
一致采用以下方式：

> 当一个人说话时，另一个人要认真倾听。

> 当说话者表达完自己的观点后，倾听者需要
重述一遍说话者的意思，"你的意思是……"，
之后，再作出回应。

> 角色互换，然后继续采用这样的方式沟通。

当涉及家务、未来规划、金钱或其他问题时，你和你的伴侣总是意见不一？

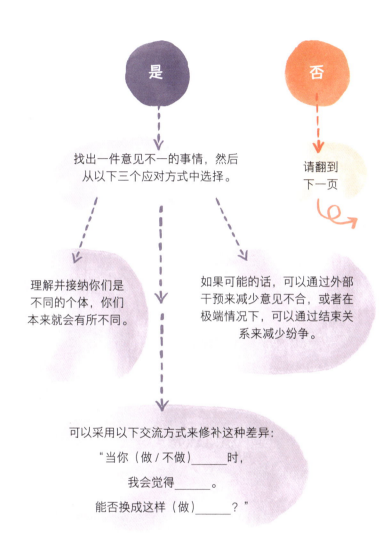

是

否

找出一件意见不一的事情，然后
从以下三个应对方式中选择。

请翻到
下一页

理解并接纳你们是
不同的个体，你们
本来就会有所不同。

如果可能的话，可以通过外部
干预来减少意见不合，或者在
极端情况下，可以通过结束关
系来减少纷争。

可以采用以下交流方式来修补这种差异：

"当你（做 / 不做）_____时，

我会觉得_____。

能否换成这样（做）_____？"

你是否觉得你的伴侣索取的
比他 / 她付出的多？

是

否

听起来他／她已经触及了你的底线。你需要创建新的界限或者加强现有的界限，明确什么事情或哪个时刻让你感觉被冒犯或者被利用。

请翻到
下一页

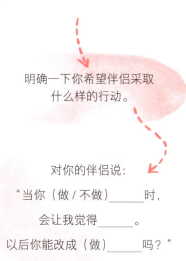

明确一下你希望伴侣采取
什么样的行动。

对你的伴侣说：

"当你（做／不做）_____时，

会让我觉得_____。

以后你能改成（做）_____吗？"

你是否担心自己和伴侣的
成长步调不一致，
会慢慢拉开距离？

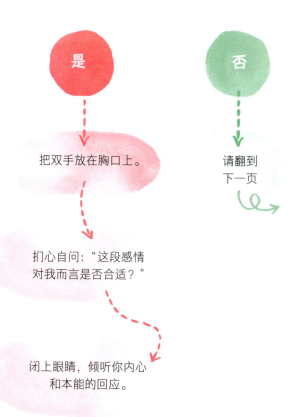

是

否

把双手放在胸口上。

请翻到
下一页

扪心自问："这段感情
对我而言是否合适？"

闭上眼睛，倾听你内心
和本能的回应。

你是否担心你的伴侣会离你而去？

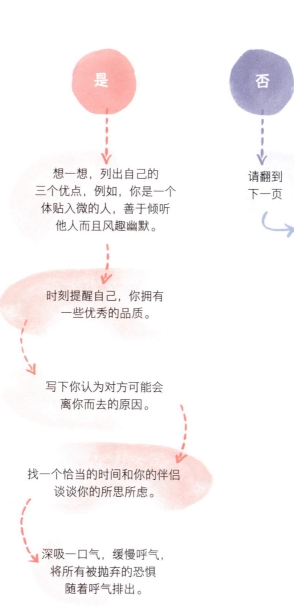

是

否

想一想，列出自己的
三个优点，例如，你是一个
体贴入微的人，善于倾听
他人而且风趣幽默。

请翻到
下一页

时刻提醒自己，你拥有
一些优秀的品质。

写下你认为对方可能会
离你而去的原因。

找一个恰当的时间和你的伴侣
谈谈你的所思所虑。

深吸一口气，缓慢呼气，
将所有被抛弃的恐惧
随着呼气排出。

你是否羞于享受房中之乐?

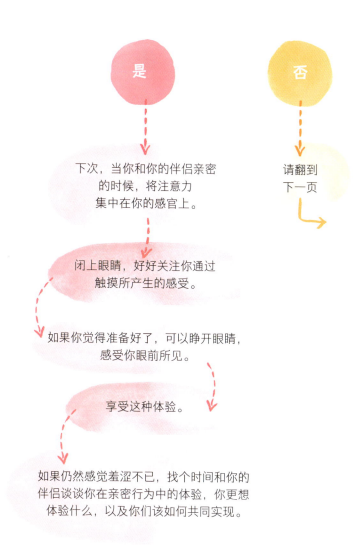

是

否

下次，当你和你的伴侣亲密的时候，将注意力集中在你的感官上。

请翻到下一页

闭上眼睛，好好关注你通过触摸所产生的感受。

如果你觉得准备好了，可以睁开眼睛，感受你眼前所见。

享受这种体验。

如果仍然感觉羞涩不已，找个时间和你的伴侣谈谈你在亲密行为中的体验，你更想体验什么，以及你们该如何共同实现。

性表现型焦虑，与心态、自我形象和取悦伴侣能力的信心密切相关。

当一个人的思绪被忧虑笼罩时，他们的身体就很难进入和保持好的"状态"。

你是否对你们的亲密关系感到麻木？

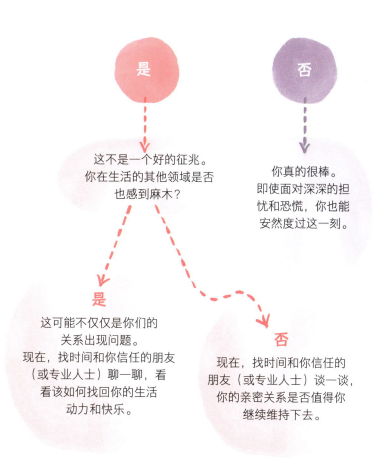

是

这不是一个好的征兆。
你在生活的其他领域是否
也感到麻木？

否

你真的很棒。
即使面对深深的担
忧和恐慌，你也能
安然度过这一刻。

是

这可能不仅仅是你们的
关系出现问题。
现在，找时间和你信任的朋友
（或专业人士）聊一聊，看
看该如何找回你的生活
动力和快乐。

否

现在，找时间和你信任的
朋友（或专业人士）谈一谈，
你的亲密关系是否值得你
继续维持下去。

如果寻求帮助后，仍有一些不安或担忧，
请翻到第 7 页，以帮助消除剩余的焦虑。

如果你的焦虑与
以下方面有关:

> 生活与工作 翻到第 7 页

> 社交 翻到第 67 页

> 亲密关系 翻到第 87 页

或者继续往下阅读……

育儿

想在照顾好孩子的同时兼顾自己，并不是一件容易的事。
如果你现在正因为育儿问题而坐卧不安，请翻页继续阅读。

你是否担心自己可能没有
"正确"育儿?

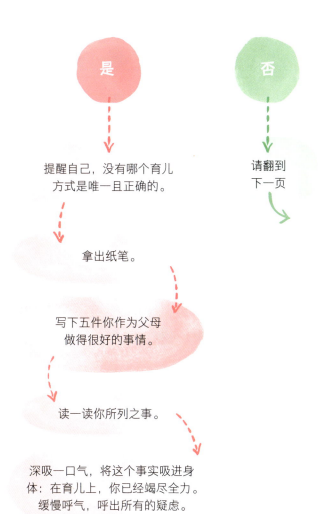

是

否

提醒自己，没有哪个育儿
方式是唯一且正确的。

请翻到
下一页

拿出纸笔。

写下五件你作为父母
做得很好的事情。

读一读你所列之事。

深吸一口气，将这个事实吸进身
体：在育儿上，你已经竭尽全力。
缓慢呼气，呼出所有的疑虑。

如果你对"正确"做事的疑虑不仅仅局
限在育儿上，请翻到第 7 页。

你是否感到筋疲力尽？

是

否

请翻到
下一页

把自己想象成一个银行账户。
有些人喜欢定期存钱，而另一些人
只在手上有余钱的时候存入一点。

短期来看，你目前属于第二种情况。
每当你得到哪怕只有一分钟的休息
或睡眠，都可以把它当作银行存款，
存进你的能量账户里。

也许这不是你所希望的储蓄计划，
但要知道，这仍然是你的存款。

深吸一口气，缓慢呼气，
力所能及地将所有沮丧
随着呼气排出。

附赠小提示： 如果你有机会获得更多的
冥想或睡觉时间，别犹豫。

你是否担心你的孩子在健康/发育/
情绪／社交方面的成长出了问题？

112

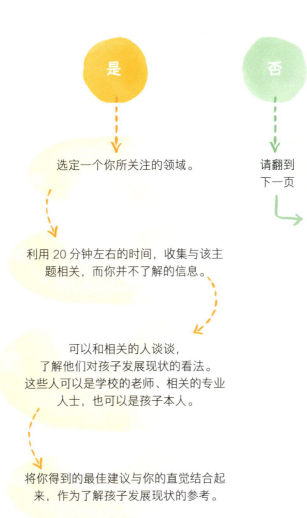

是

否

选定一个你所关注的领域。

请翻到
下一页

利用 20 分钟左右的时间，收集与该主题相关，而你并不了解的信息。

可以和相关的人谈谈，
了解他们对孩子发展现状的看法。
这些人可以是学校的老师、相关的专业
人士，也可以是孩子本人。

将你得到的最佳建议与你的直觉结合起来，作为了解孩子发展现状的参考。

113

你是否担心自己
把孩子逼得太紧?

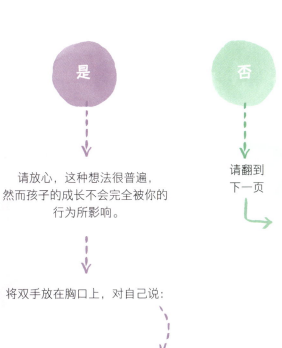

是

否

请放心，这种想法很普遍，
然而孩子的成长不会完全被你的
行为所影响。

请翻到
下一页

将双手放在胸口上，对自己说：

"尽管我已经尽了最大的努力，但孩子的
部分发展并不受我控制。他们有自己的思
想和个性，我已经尽己所能做到了最好，
而我也不要求自己把他们培养成完美的
人，为此，我由衷地感到自豪。"

深吸一口气，缓慢呼气，
将所有的烦恼随着呼气排出。

你是否觉得他人会对你的
育儿方法指指点点？

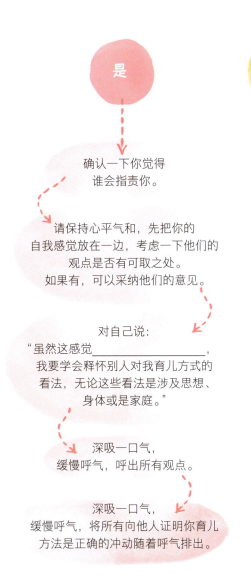

是

否

确认一下你觉得
谁会指责你。

请翻到
下一页

请保持心平气和，先把你的
自我感觉放在一边，考虑一下他们的
观点是否有可取之处。
如果有，可以采纳他们的意见。

对自己说：
"虽然这感觉＿＿＿＿＿＿＿＿＿，
我要学会释怀别人对我育儿方式的
看法，无论这些看法是涉及思想、
身体或是家庭。"

深吸一口气，
缓慢呼气，呼出所有观点。

深吸一口气，
缓慢呼气，将所有向他人证明你育儿
方法是正确的冲动随着呼气排出。

当人们批判别人时，往往是以一种隐晦的方式在为自己生活中所做的决定辩
护。虽然这种方式可能会让你感到不舒服，但请记住，他们也是在尽己所能
做到最好。

117

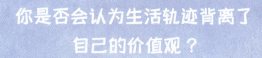

你是否会认为生活轨迹背离了
自己的价值观？

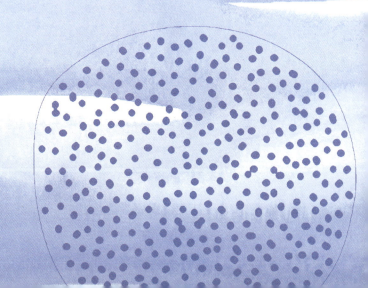

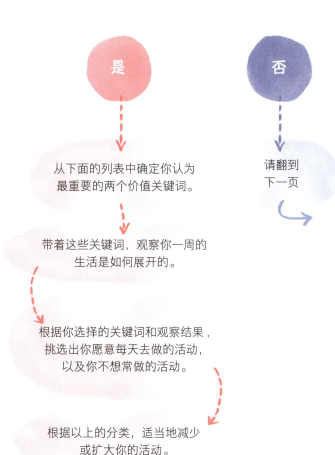

是

否

从下面的列表中确定你认为
最重要的两个价值关键词。

请翻到
下一页

带着这些关键词，观察你一周的
生活是如何展开的。

根据你选择的关键词和观察结果，
挑选出你愿意每天去做的活动，
以及你不想常做的活动。

根据以上的分类，适当地减少
或扩大你的活动。

价值关键词： 冒险・真实・商业生涯・社区・创造力・
能量・信仰・家庭・自由・幸福・和谐・健康・包容・
独立・学习・爱・尊重・安全・精神・旅行・财富

你是否渴望回到童年？

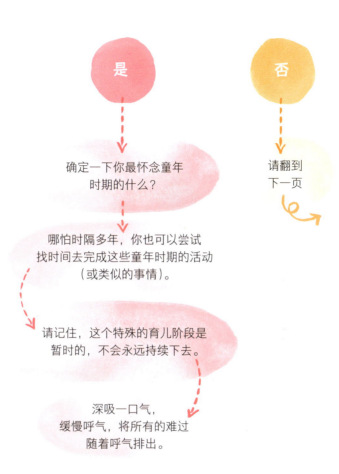

是

否

确定一下你最怀念童年
时期的什么？

请翻到
下一页

哪怕时隔多年，你也可以尝试
找时间去完成这些童年时期的活动
（或类似的事情）。

请记住，这个特殊的育儿阶段是
暂时的，不会永远持续下去。

深吸一口气，
缓慢呼气，将所有的难过
随着呼气排出。

你是否想成为所有人的依靠？

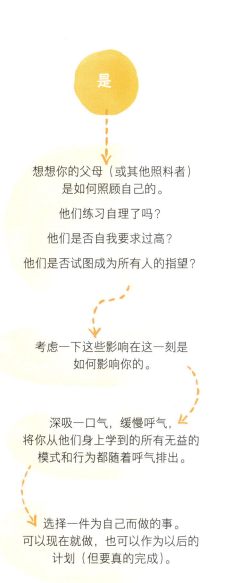

是

否

想想你的父母（或其他照料者）
是如何照顾自己的。

他们练习自理了吗？

他们是否自我要求过高？

他们是否试图成为所有人的指望？

请翻到
下一页

考虑一下这些影响在这一刻是
如何影响你的。

深吸一口气，缓慢呼气，
将你从他们身上学到的所有无益的
模式和行为都随着呼气排出。

选择一件为自己而做的事。
可以现在就做，也可以作为以后的
计划（但要真的完成）。

你在带孩子的过程中
是否感到孤立无援?

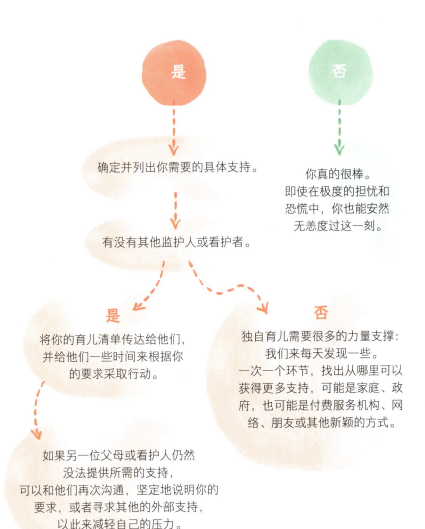

是

否

确定并列出你需要的具体支持。

你真的很棒。
即使在极度的担忧和
恐慌中，你也能安然
无恙度过这一刻。

有没有其他监护人或看护者。

是

否

将你的育儿清单传达给他们，
并给他们一些时间来根据你
的要求采取行动。

独自育儿需要很多的力量支撑：
我们来每天发现一些。
一次一个环节，找出从哪里可以
获得更多支持，可能是家庭、政
府，也可能是付费服务机构、网
络、朋友或其他新颖的方式。

如果另一位父母或看护人仍然
没法提供所需的支持，
可以和他们再次沟通，坚定地说明你的
要求，或者寻求其他的外部支持，
以此来减轻自己的压力。

如果寻求帮助后，仍有一些不安或担忧，
请翻到第 7 页，以帮助消除剩余的焦虑。

参考资料

第11页：箱式呼吸法是由前美国海豹突击队队员马克·迪瓦恩（Mark Divine）开发。

第65页："空手道斩"技巧是情绪自由技巧（EFT）实践的一部分，由加里·克雷格（Gary Craig）开发。

第97页：灵感来自"压力管理的AAAbc"，由南希·洛夫·图贝辛（Nancy Loving Tubesing）开发。

如需紧急支持，

请联系您当地的帮助热线。

致谢

如果你想写一本书，那就放手去做！但在你着手之前，请像我一样，尽己所能地去寻求一群非凡之人来助你一臂之力，这样才能让这本书的出版成为现实。多亏了既智慧，又细致的简·莫罗（Jane Morrow）和默多克图书公司（Murdoch Books），这本书才得以制作、编辑、设计并出版。

一位女性被赋能，能让更多女性充满力量。

人们都说，人无法选择自己的家庭，但是如果可以挑选，我依旧会选择我的家庭。

正是我家人的能量和力量，开启和塑造了我的人生道路。感谢我的母亲，提醒我可以靠自己舒缓压力，她总是说，只要喝上一杯茶，大多事都能更轻松；感谢我的父亲，他向我展示了严谨的逻辑（说的就是你，决策树！）也能与强烈的人文关怀结合，并创造出惊人的效果；感谢我的姐姐特蕾内特（Trinette）提醒我珍视时间的重要性，还有另一位姐姐玛尔妮（Marnie），她帮我通过艺术家的眼睛一睹世界的美丽。

最后，感谢我英俊的丈夫伊万（Ivan），他也是我写下本书的契机：谢谢你给我的生活带来了轻松感和安全感。是你在我的生活崩溃时，为我保留了一方避难所，因为有了你，我的人生历久弥坚。

P.S. 感谢所有教练、学者、心灵导师、瑜伽师、心理学家、心灵抚慰师、作家和思想大咖们，谢谢你们，是你们的贡献为我们这些做整合工作的人铺平了道路。你们拥有一种精神，能坚持不懈地探索帮助他人的新方法，这也引导我学会了如何去帮助他人。

图字：01—2021—6552

图书在版编目（CIP）数据

糟糕情绪自疗手册：成人版 /（澳）塔米·柯克尼斯著；叶壮译. — 北京：东方出版社，2022.3
书名原文：The Panic Button Book
ISBN 978-7-5207-2512-5

Ⅰ.①糟… Ⅱ.①塔… ②叶… Ⅲ.①情绪－自我控制－手册 Ⅳ.① B842.6-62

中国版本图书馆 CIP 数据核字（2021）第 264158 号

糟糕情绪自疗手册：成人版
（ZAOGAO QINGXU ZILIAO SHOUCE：CHENGREN BAN）

作　　者：[澳] 塔米·柯克尼斯
译　　者：叶　壮

策划编辑：鲁艳芳
责任编辑：黎民子
出　　版：东方出版社
发　　行：人民东方出版传媒有限公司
地　　址：北京市西城区北三环中路6号
邮　　编：100120
印　　刷：北京联兴盛业印刷股份有限公司
版　　次：2022年3月第1版
印　　次：2022年3月北京第1次印刷
开　　本：880毫米×1230毫米　1/32
印　　张：4.25
字　　数：13千字
书　　号：ISBN 978-7-5207-2512-5
定　　价：49.80元
发行电话：（010）85924663　85924644　85924641